Qiaoliang Shigong Renyuan Zuoye Anquan Yaodian

桥梁施工人员作业安全要点

苏州交通工程集团有限公司◎主编

人民交通出版社

北京

内 容 提 要

为全面提升桥梁施工安全水平,本书紧密结合现场实际,系统提出桥梁施工作业安全基本规范,重点针对架子工、电工等 23 个工种及特殊作业环境,全面剖析安全风险,明确作业前准备、作业中管控和作业后检查各环节的安全要求。全书采用简明文字与实景图片相结合的形式,将关键安全操作可视化、条理化,有效指导现场人员辨识风险、规范操作,为实现桥梁施工安全标准化管理提供实用依据和有力保障。

本书可作为桥梁施工一线作业人员(如各工种工人、班组长)掌握安全操作规范的实用指南,也可为施工管理人员、安全监督人员制定制度与开展检查提供参考。

图书在版编目(CIP)数据

桥梁施工人员作业安全要点 / 苏州交通工程集团有限公司主编. — 北京:人民交通出版社股份有限公司,2025.8. — ISBN 978-7-114-20609-2

Ⅰ.U445

中国国家版本馆 CIP 数据核字第 2025ES0858 号

书　　名:桥梁施工人员作业安全要点
著 作 者:苏州交通工程集团有限公司
责任编辑:李学会
责任校对:赵媛媛　武　琳
责任印制:张　凯
出版发行:人民交通出版社
地　　址:(100011)北京市朝阳区安定门外外馆斜街 3 号
网　　址:http://www.ccpcl.com.cn
销售电话:(010)85285857
总 经 销:人民交通出版社发行部
经　　销:各地新华书店
印　　刷:北京建宏印刷有限公司
开　　本:720×960　1/16
印　　张:6.5
字　　数:112 千
版　　次:2025 年 8 月　第 1 版
印　　次:2025 年 8 月　第 1 次印刷
书　　号:ISBN 978-7-114-20609-2
定　　价:48.00 元

(有印刷、装订质量问题的图书,由本社负责调换)

本书编写组

主　　编： 向拥军　熊启应　孙建锋

副 主 编： 高　飞　徐　亮　周晓伟　郁磊靖

编写人员： 娄　伟　时刘涛　江　勇　徐建成　顾逸飞　张凯凯

吴开国　丁　捷　黄飞星　王　晨　乔　嵌　王克明

张　剑　郦　辉　周正林　武志刚　张新标　盛巍巍

索红义　张子健　李　响　陶　含　尤宇飞

本书编写单位

主编单位： 苏州交通工程集团有限公司

参编单位： 华设设计集团股份有限公司

苏交科集团股份有限公司

江苏苏科建设项目管理有限公司

南通昌成泰工程咨询有限公司

前言

　　为深化产业工人队伍建设改革,加快建设一支知识型、技能型、创新型产业工人大军,培养造就更多大国工匠和高技能人才,必须筑牢安全生产根基。切实提升一线作业人员安全意识和操作技能,保障生产安全与人员生命财产安全,已成为实现上述目标的关键举措。为此,编写组特组织编写《桥梁施工人员作业安全要点》一书。

　　本书依托沪武高速公路扩建项目编写,苏州交通工程集团有限公司 HWK-CZ3 标段项目经理部为本书提供了相关资料和图片。本书共分为 27 章,包括施工现场作业基本要求、架子工等 23 个工种的安全操作要点,以及特殊环境作业安全要点等内容。每章包括作业风险、基本要求、作业前安全要点、作业中安全要点、作业后安全要点等。本书文字简洁、图文并茂、重点突出,便于作业人员日常学习和使用。

　　本书内容涉及众多工种,各工种对作业人员的要求不尽相同,故难免存在疏漏与不足之处。读者有任何意见或者建议,请与编写组联系(1096777367@qq.com)。

编　者

2025 年 3 月

目录

施工现场作业基本要求 1

1.1 作业人员基本要求

（1）应具备必要的安全技术知识与职业技能，经过安全教育与职业技能培训，并经考核合格后上岗。

（2）依法持证上岗的，应持有相应有效的作业资格证件。

（3）年满18周岁，且满足国家相关规定。

（4）具有初中及以上文化程度。

（5）身体健康，禁止患有职业禁忌证的人员从事相关作业。

（6）符合所从事工种作业规定的其他相关条件。

1.2 岗位职责

1.2.1 班组长岗位职责

（1）负责履行本班组的安全管理职责，做好工前安全生产条件检查、班前教育、班中检查、班后总结等工作。

（2）了解作业人员身体状况，督促并检查作业人员正确佩戴和使用劳动防护用品，杜绝"三违"（违规作业、违规指挥、违反劳动纪律）作业。

（3）组织作业人员接受安全技术交底，告知风险及防范措施。

（4）落实生产安全事故隐患整改意见和要求，确保隐患整改到位。

（5）发生突发事件时，按照应急救援预案处置和上报，协助开展应急救援工作,保护好现场。

1.2.2　班组工人岗位职责

(1)遵守劳动纪律,正确佩戴和使用个人劳动防护用品,保持作业环境整洁,做到文明施工。

(2)积极参加各种安全教育培训、会议、岗位技术练兵等活动。

(3)主动接受安全技术交底、班前教育和风险告知,严格执行操作规程,做到不伤害自己,不伤害他人,不被他人伤害。

(4)有权拒绝违章作业的指令,对他人违章行为应及时劝阻和制止,并进行检举。

(5)作业前应检查作业区域安全条件,确认无隐患后方可开始作业。

(6)发生突发事件时,应按照应急处置卡处置和上报,协助应急救援工作,保护好现场。

1.3　作业前

(1)必须参加班前教育(图 1.3.1)和风险告知,明确作业顺序、安全措施、防护要求、危险预防措施、应急救援处置程序等。

图 1.3.1　新工人参加安全教育培训

安全教育培训流程如图 1.3.2 所示。

(2)正确佩戴和使用合格劳动防护用品(图 1.3.3),包括安全帽、安全带、工作服、安全鞋、防护手套、防护眼镜、工具袋等。

(3)作业前必须对工具、设备、现场环境、应急通道等进行检查,确认安全后方可作业。

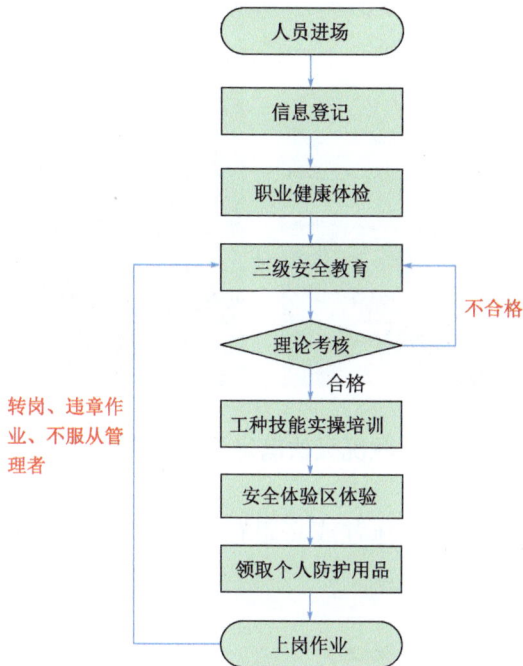

图 1.3.2　安全教育培训流程

图 1.3.3　正确佩戴和使用劳动防护用品

安全技术交底如图 1.3.4 所示。

图 1.3.4　安全技术交底

（4）禁止饮酒作业,身体状况无法满足作业要求的应安排休息,禁止疲劳作业、带病作业。

（5）禁止赤膊、赤脚、穿拖鞋或高跟鞋进入施工现场,工作时间禁止携带手机。

1.4　作业中

（1）进入施工现场的人员必须正确佩戴和使用劳动防护用品。

（2）禁止随意挪动和拆除施工现场的各种安全设施、设备和安全标识等。

（3）严禁在禁火区域吸烟或擅自进行动火作业。

（4）严禁"三违"作业,禁止擅自离岗、串岗。

（5）发现直接危及人身安全的紧急情况时,有权停止作业,或在采取可能的应急措施后撤离现场。

（6）发现安全生产隐患时,及时报告。

1.5　作业后

（1）及时固定可移动设施,正确关停设备并切断电源。

（2）及时清理施工现场,归整物资,做好相关区域的警示工作。

（3）积极参与班后安全总结。

架子工作业安全要点 2

架子工是指使用装拆、维护工具,搭设、维护、拆卸施工现场操作架、防护架、支撑架的人员。

2.1 作业风险

作业风险包括高处坠落、支架坍塌、物体打击、起重伤害等。

2.2 基本要求

该职业要求从业者持证上岗(图2.2.1),无高空作业禁忌类疾病,且有较强的空间感和准确的分析判断能力,动作协调,身体健康。

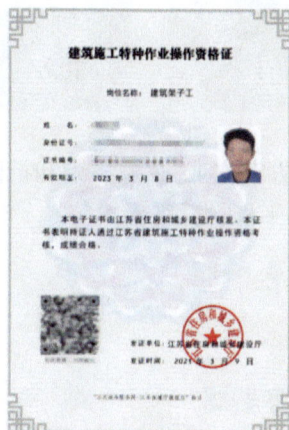

图2.2.1 架子工特种作业操作证

2.3 作业前

（1）应确认作业环境安全、基础验收合格、排水设施完好。如发现有影响支架基础稳定的情况，应及时向班组长汇报。

（2）检查并确认劳动防护用品、安全防护设施完好。

（3）检查杆件及其配件是否存在破损、焊口开裂、严重锈蚀、扭曲变形等情况（图2.3.1），检查配件是否齐全，符合要求后方可使用。

圆盘损坏

销轴损坏

弯曲

端口变形

图2.3.1 杆件几种典型破坏情况

（4）严格按照专项施工方案施工，掌握搭设和拆除作业顺序，熟知作业指标要求，如间距、步距、斜杆、水平杆、抛撑、斜撑等。

2.4 作业中

2.4.1 搭设作业基本要求

（1）正确佩戴和使用劳动防护用品，设置安全防护设施。

（2）支架（脚手架）应分层搭设，不宜一次搭得过高（图2.4.1）。

图2.4.1　支架（脚手架）规范搭设

（3）支架（脚手架）暂停作业时，应固定构件，确保架体稳定。

（4）搭设过程中，禁止抛接杆件。

（5）禁止作业人员攀爬外侧架体或翻越防护栏杆。

（6）禁止在支架（脚手架）上堆放材料。

（7）禁止同一立面上下交叉作业。

（8）遇到大风、大雨、大雾等恶劣天气时应立即停止作业。

（9）支架（脚手架）搭设完工后应申请验收。

（10）按照施工方案定期检查支架（脚手架）。

工人现场作业如图2.4.2所示。

图2.4.2　工人现场作业

2.4.2　扣件式脚手架搭设

（1）作业脚手架的宽度不应小于0.8m，且不宜大于1.2m。作业层高度不应小于1.7m，且不宜大于2.0m。

（2）立杆的底脚应垂直稳放在混凝土垫块或混凝土硬化地基上。

（3）主节点处必须设置一根横向水平杆，用直角扣件扣接并禁止拆除。

（4）作业层脚手板应铺满、铺稳、铺实，应设置在三根横向水平杆上。

（5）单、双排脚手架底层步距均不应大于2m。

（6）双排脚手架应设置剪刀撑与横向斜撑，单排脚手架应设置剪刀撑。

2.4.3　承插型盘扣式钢管支架及脚手架搭设

(1)架体的高宽比宜控制在 3 以内;当架体高宽比大于 3 时,应设置抛撑、缆风绳或采取与既有结构刚性连接等抗倾覆措施。

(2)杆端扣接头与连接盘的插销连接锤击自锁后不应拔脱。

(3)插销销紧后,扣接头端部弧面应与立杆外表面贴合。

(4)当立杆处于受拉状态时,立杆的套管接长部位应采用螺栓连接。

(5)相邻立杆连接套管接头的位置宜错开,错开高度不小于 500mm。

(6)每搭完一步支模架,应及时检查水平杆、立杆的位置是否满足偏差要求。

(7)加固件、斜杆应与作业架同步搭设。

(8)水平杆及斜杆插销安装完成后,应采用锤击方法抽检,连续下沉量不应大于 3mm。

2.4.4　安全网搭设

(1)禁止在安全网下方堆放物品。

(2)安全网的搭设应根据现场条件采取防坠落安全措施。

(3)支架搭设超过 2m 后应铺设一层防坠安全网,随着支架升高,每间隔 4m 设置一道防坠安全网(图 2.4.3)。

图 2.4.3　防坠安全网

(4)安全网搭设应搭接严密、牢固、外观整齐,发现网内存留杂物时及时清除。

2.4.5　拆除作业

(1)拆除作业按拆除方案规定的顺序进行,遵循"由上而下、逐层拆除,先搭后拆、后搭先拆"的原则。

(2)拆除时禁止重锤击打、撬别等破坏性手段。拆除的杆件等应通过机械或人工方式运送至地面,禁止抛掷。因抛掷损坏的杆件如图2.4.4所示。

图2.4.4 因抛掷损坏的杆件

(3)拆除过程中应注意架子缺扣、崩扣及不符合要求的部位,禁止踩在松动的杆件上。

(4)当发现障碍物影响作业时,须先进行拆除、转移或加设防护措施后方可继续作业。

(5)每层拆除前应先进行检查,保证其上应拆卸的杆件均已拆除完毕,禁止上下交叉作业。

(6)暂停拆除时,应检查确认作业范围内未拆除部分的架子保持稳定后方可离开现场。

(7)拆除完毕后,及时清运支架材料,分类码放整齐,堆放高度不得超过2m。

2.5 作业后

(1)检查是否设置临时固定设施,作业区域是否封闭。

(2)风、雨、雪等恶劣天气过后应进行检查,发现架体倾斜下沉、松扣、崩扣应及时修复,合格后方可使用。

电工作业安全要点 3

电工是指使用工具、量具和仪器、仪表，安装、调试与维护、修理机械设备电气部分和电气系统线路及器件的人员。

3.1 作业风险

存在的作业风险包括触电、高处坠落、火灾等。

3.2 基本要求

该职业要求从业者持证上岗(图3.2.1)，具有一定的学习理解能力、观察判断推理能力和计算能力，手指和手臂灵活，动作协调，无色盲。

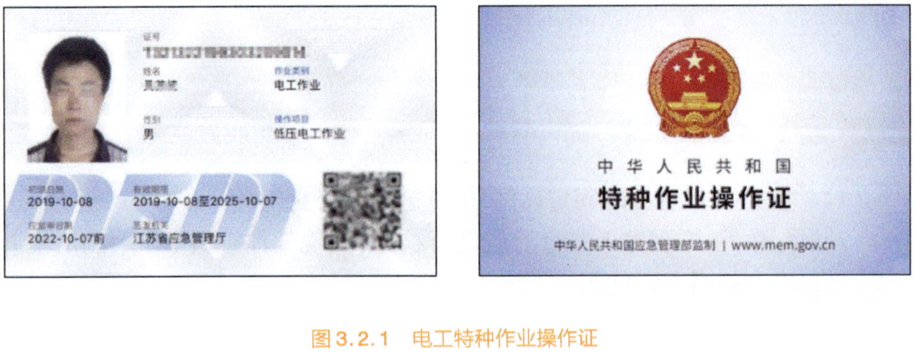

图3.2.1 电工特种作业操作证

3.3 作业前

（1）正确佩戴和使用劳动防护用品，检查工具、仪器是否合格可靠。

（2）检查作业环境是否满足安全条件。

（3）进行电气设备如配电箱、电缆等的检查。

电气设备安全警示示例如图3.3.1所示。

图3.3.1　电气设备安全警示示例

3.4 作业中

（1）按照临时用电方案敷设电力线路，安装配电设施，参与临时用电验收。

（2）定期对电气线路、设施设备进行巡查，对隔离开关、漏电保护器、接地装置等电气元器件进行检测。

（3）露天使用的电气设备，应做好防雨、防潮措施。

（4）电气设备和配电箱应有可靠的接地和接零，设备和配电箱上贴有警示标志。按照用电管理要求对用电设备进行标识。

（5）配电箱必须牢固、完整、严密，配电箱内禁止放置杂物。

（6）各种电气设备、电检设备、开关、变压器及分路开关箱等周围禁止堆放易燃易爆及其他杂物，如有发现应立即清除。

（7）禁止带负荷接电或断电，除经批准的应急抢修、抢险外，禁止带电操作。

（8）发生电气火灾时，应立即切断电源，使用干粉灭火器或干砂灭火。

（9）禁止使用碘钨灯、白炽灯、卤素灯、倒顺开关等淘汰设备设施。

（10）遇雷、雨、雪或6级及以上大风等恶劣天气时，禁止室外作业。

（11）复工前、恶劣天气后，对线路及配电设施设备进行检查。

电工作业安全操作如图3.4.1所示。

图3.4.1　电工作业安全操作

3.5　作业后

及时收纳机具、材料，箱门上锁。

电焊工作业安全要点 4

电焊工是指操作焊机或焊接设备,焊接金属件的人员。

4.1 作业风险

存在的作业风险包括触电、火灾、灼烫等。

4.2 基本要求

该职业要求从业者持证上岗(图4.2.1),具有一定的学习、理解、分析及判断能力,良好的视力,基本的辨别颜色及识图能力,能够灵活、协调地操作焊接设备。

图4.2.1 电焊工特种作业操作证

4.3 作业前

(1)作业前应根据动火级别履行审批程序,动火许可证示例如图4.3.1所示。

三级动火许可证

存根

作业名称			动火部位			
动火时间	月 日 时 分至		月 日 时 分止			
申请动火理由						
作业人员姓名			监护人姓名			
申请动火人		申请日期		批准人		批准时间

三级动火许可证　　　　　操作人员执

作业名称			动火部位			
动火时间	月 日 时 分至		月 日 时 分止			
动火须知及防火措施						
1. 在牢固定的、无明显危险因素的场所进行动火作业等均属三级动火。 2. 三级动火申请人应在三天前提出,批准最长期限为七天,期满应重新办证,否则视作无证动火。 3. 三级动火作业由所在班组填写,经项目防火负责人审查批准,方可动火。 4. 焊工必须持有效证件上岗,正确使用劳动防护用品,作业时必须遵守"十不烧"原则。 5. 操作前检查焊割设备、工具是否完好,电源线有无破损,各类保护装置是否齐全有效。 6. 清除明火点周围的可燃物品,按要求配置灭火器,由专人进行监护。 7. 本表一式二联:操作人员及存根						
作业人员姓名			监护人姓名			
申请动火人		申请日期		批准人		批准时间

图4.3.1　动火许可证示例

(2)正确佩戴和使用劳动防护用品,检查作业工具、设备是否满足要求。

(3)检查作业现场是否满足动火条件。

(4)有限空间作业时应检查通风设备及通风条件是否良好,必要时安装除烟设备。

4.4 作业中

(1)正确佩戴和使用劳动防护用品。

(2)应保证焊钳钳柄与导线连接牢固,绝缘良好。

（3）当焊机需移动、检修或者更换配件时，必须切断电源。

（4）在潮湿地点工作时，应穿绝缘鞋，并站在绝缘胶板或木板上。

（5）当焊接电缆须跨越道路时，应采取架高或其他保护措施。

（6）操作时禁止将焊钳夹在腋下或将焊接电缆挂在颈上。

（7）禁止在带电和带压力的容器上或管道上施焊，焊接带电的设备应先切断电源。

（8）储存过易燃易爆物品的容器，应根据介质性质进行多次置换及清洗，并打开所有孔口，经检测确认安全后方可进行焊接作业。

（9）高处焊接作业时，在作业点正下方地面设置接火盆、防火毯，按要求配备防火器材，并设立警戒隔离区。

（10）在密闭空间内进行焊接作业时，应设置通风装置，将电源置于密闭空间外部。

（11）雨天禁止露天焊接作业。

电焊工安全规范操作如图4.4.1所示。

图4.4.1 电焊工安全规范操作

4.5 作业后

作业结束后，应切断焊机电源，整理焊接电缆并检查工作地点周围环境，确认无起火危险后，方可离开。

气割工作业安全要点 5

气割工是指操作气割设备,进行金属件切割工作的人员。

5.1 作业风险

存在的作业风险包括火灾、容器爆炸、灼烫等。

5.2 基本要求

该职业要求从业者持证上岗(图 5.2.1),具有较强的学习能力及动手能力,视力良好,无色盲,能够灵活、协调地操作气割设备。

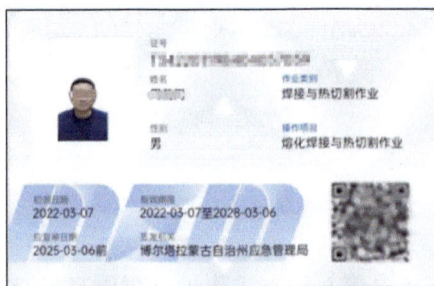

图 5.2.1　气割工特种作业操作证

5.3　作业前

(1)作业前应根据动火级别履行审批程序。

(2)正确佩戴和使用劳动防护用品,检查作业工具、气瓶、软管、压力表、安全阀等是否满足要求。

(3)检查作业现场是否满足动火条件。

(4)气瓶间距应大于5m,气瓶与实际作业点的距离应大于10m。若无法满足要求,必须设置耐火屏障。

(5)有限空间作业时应检查通风条件是否良好,必要时安装除烟设备。

气割工安全作业如图5.3.1所示。

图5.3.1　气割工安全作业

5.4　作业中

(1)应保持气瓶间距大于5m,气瓶与明火、配电箱的距离大于10m。应使用专用推车运输移动气瓶,并配备消防设施,严禁碰撞、敲打、抛掷、滚动气瓶。气瓶安全距离标识如图5.4.1所示。

(2)氧气瓶和乙炔瓶在使用过程中应保持直立,严禁将乙炔瓶横躺或卧放,夏季应采取防暴晒措施。

(3)乙炔(丙烷)输送橡胶软管如果在使用中发生脱落、破裂或着火,应首先熄灭焊枪火焰,然后停止供气。氧气软管着火时,应先采取措施停止供气。

(4)当风力超过5级时,禁止在露天进行气割作业。

图 5.4.1　气瓶安全距离标识

（5）禁止在有压力的容器或管道上进行气割作业，待切断带电设备电源后方可作业。

（6）对储存过易燃易爆或有毒物品的容器、管道进行气割时，应先清除干净残余物质，并将所有孔、口打开，经检测确认安全后方可进行作业。

（7）密闭空间内进行气割作业，应设置通风装置，气瓶应置于密闭空间外部。

5.5　作业后

工作完毕后，应关闭阀门并清点、归位工具，清扫场地，确认无着火危险后方可离开作业区域。

钢筋工作业安全要点 6

钢筋工是指使用工具及机械,进行钢筋加工、骨架预制和钢筋安装的人员。

6.1 作业风险

存在的作业风险包括钢筋垮塌、触电、高处坠落、物体打击、机械伤害、起重伤害等。

6.2 基本要求

该职业要求从业者有一定的计算能力和空间感,手指、手臂灵活,具有较好的身体素质。

6.3 作业前

(1)正确佩戴和使用劳动防护用品(图6.3.1),检查工具是否合格可靠。

(2)对调直机、弯曲机、切断机、套筒挤压连接机、直螺纹滚丝机、钢筋数控加工设备等进行检查。

(3)按照"有轮必有罩、有轴必有套、有台必有栏、有洞必有盖"的要求检查设备防护设施是否齐全。

(4)所有半成品、成品要按规格分类码放整齐,并与机械有一定安全距离,保证足够的操作空间(图6.3.2)。

图 6.3.1　钢筋工规范着装

图 6.3.2　半成品、成品安全规范堆放

（5）冷拉场地应设置警戒区，装设挡板及警告标志。

 **6.4　作业中**

（1）长料加工应放置在专用架子上，短料加工要用钳子夹牢。

（2）圆盘钢筋应平稳放置在放圈架上，乱丝或钢筋脱架时，应停机处理。

（3）展开圆盘钢筋时应固定端头，防止回弹，切断时应压稳两端。

（4）禁止跨越正在调直的钢筋，禁止无关人员站在机械附近。

（5）作业人员应与圆盘钢筋保持安全距离，尤其当料盘上钢筋快调直完时，严防钢筋端头弹出打人。钢筋调直作业如图 6.4.1 所示。

图6.4.1 钢筋调直作业

（6）弯曲钢筋时禁止站立在钢筋未固定的一侧。

（7）机械未达到正常转速时禁止切料,作业时应注意刀片的水平、垂直间隙位置,如有变化应及时停机调整。

（8）切料时作业人员应站在固定刀片一侧用力压住钢筋,防止钢筋末端弹出伤人。

（9）禁止切断超过机械性能规定范围的钢材和超过刀片硬度或烧红的钢筋。

（10）发现机械运转不正常,有异声或刀片歪斜、松动、崩裂时,应立即断电并上报。

（11）机械运转中禁止用手直接清除刀口附近的断头和杂物。

（12）在钢筋摆动范围内和刀口附近,非操作人员禁止停留。

（13）禁止擅自更换芯轴、销子和变换角度以及调速等作业,禁止加油或清扫。

（14）禁止加工超过设备规定直径、根数的钢筋,加工较长钢筋应有专人帮扶。

（15）卷扬机运转时,禁止人员靠近冷拉钢筋和牵引钢筋的钢丝绳,保持5m及以上安全距离。

（16）冷拉时,应设专人值守。钢筋两侧3m以内及冷拉线两端禁止站人,禁止跨越钢筋或钢丝绳。

（17）发现滑丝、绞断等情况时,应停机并放松钢筋后,方可进行处理。

（18）切断冷拉钢筋时,只能采用剪线钳或砂轮锯,且必须"先放张、后切断"。

（19）禁止使用手动双向转换开关即倒顺开关。

（20）雪后露天加工钢筋，操作人员须穿防滑鞋。

（21）中途休息暂停绑扎钢筋时，应检查确认所绑扎的钢筋骨架连接牢固后方可离开施工现场。

（22）钢筋堆放要分散、稳当，防止倾斜和塌落（图6.4.2）；堆放弯曲好的钢筋时，禁止弯钩朝上。

图6.4.2 钢筋安全规范堆放

（23）在操作平台上堆放钢筋或物料时应检查操作平台是否牢靠。

6.5 作业后

（1）用工具将铁屑、钢筋头清除，禁止用手擦抹或用嘴吹。

（2）机具拉力部分均应放松，所有机具断电上锁。

（3）恢复冷拉场地、高处平台等区域的警戒标识，防止无关人员误入。

模板工作业安全要点

7

模板工是指使用机械或工具,在混凝土制品的施工(生产)过程中,完成多种材质模板的加工制作、安装拆除、加固、维护保养的作业人员。

7.1 作业风险

存在的作业风险包括模板倾覆、起重伤害、触电、高处坠落、物体打击、机械伤害等。

7.2 基本要求

该职业要求从业者具有一定的施工经验和较强的识图能力,能正确理解施工方案。

7.3 作业前

(1)正确佩戴和使用劳动防护用品,检查作业工具是否满足要求。

(2)施工前应检查模板、支撑及配件,禁止使用锈蚀、变形严重的钢管及配件。

(3)进行基础及地下工程模板安装前,检查基坑边坡的稳定性,确保基坑上沿和底部排水系统完好、可靠。

(4)在槽内支模前,检查槽帮及支撑情况,确认无倾覆危险后方可进行。

(5)在高处作业前,检查施工通道和作业平台是否牢固,确认安全后方可进行作业。

7.4 作业中

(1)遇到大雨、大雾及6级以上的大风等恶劣天气,停止作业。

(2)进行高空作业时,螺栓、扣件、工具等必须放在箱盒内或工具袋里,禁止散放在脚手架上。

(3)现场加工木模板时,应遵循相应机械的安全操作规程和临时用电作业要求,圆盘锯和手持锯等工具均应有防护罩。

(4)应按模板设计和安全技术交底要求进行支模,模板安装应自下而上。

(5)模板就位后应及时连接固定,未固定前禁止进行下道工序。禁止在未安装好的梁底板或平台上放置重物。模板施工如图7.4.1所示。

图7.4.1　模板施工

(6)基坑上口边沿1m范围内禁止堆放模板等材料,向槽(坑)内运送模板构件时,禁止抛掷。

(7)浇筑混凝土期间,应仔细观察模板的位移、变形情况,发现异常情况应立即停止施工作业,并对模板和支撑采取加固措施。

(8)装拆模板时,上下有人接应,接应人员应站在安全区域,传递模板时需确认对方接稳后再松手,禁止从高处向下抛掷。

(9)拆模板时,拆除顺序与支模顺序相反,应自上而下分段拆除,禁止在模板下采用猛敲或硬砸的方式拆模,应确保未拆除的部分牢固、稳定。

(10)使用起重设备拆模时,应服从信号司索工统一指挥。作业范围内及进

出口应设置围栏和警示标志,禁止非作业人员进入。

(11)模板堆放时,高度不宜超过2m,架子上码放模板禁止超过三层。

7.5　作业后

(1)断电并及时收纳机具,清理现场,做到现场统一规整。

(2)带钉模板存放区区域设置警示标志。

混凝土工作业安全要点 8

混凝土工是指负责混凝土浇筑、养护和缺陷修补的人员。

8.1 作业风险

存在的作业风险包括触电、机械伤害、高处坠落、物体打击等。

8.2 基本要求

该职业要求从业者具有准确的观察分析、判断能力,手指、手臂灵活。

8.3 作业前

(1)正确佩戴和使用劳动防护用品。

(2)开工前检查跳板、作业通道、作业平台是否牢固,浇筑及补修施工面是否有工具或其他物件,防止掉下伤人。

(3)检查振动棒软管是否完好,当软管使用过久使长度增加时,应及时修复或更换。

(4)插入式振动器的电动机电源必须接 PE(聚乙烯)保护线,应确保漏电保护装置正常工作,接地安全可靠。

(5)特殊情况需在雨雪天气施工时,需经上级部门批准,应采取可靠的防滑、防雨措施,如铺设防滑垫、遮盖作业区域;雷雨天气需远离金属设备、高耸结构,避免雷击风险。

8.4　作业中

（1）浇筑、养护、修补时正确佩戴和使用劳动防护用品。

（2）禁止在电缆线上堆压物品或被车辆挤压,禁止拽电缆线、拖拉振动器。

（3）作业停止需移动振动器时,应先关闭振捣器,再切断电源。

（4）提前观察确认电缆线周围无受影响人员或物体后,再移动电缆及振捣器位置。

（5）禁止在初凝的混凝土、脚手架和干硬的地面上使用振动器进行试振。

（6）振捣器发生故障时,应立即关闭振捣器,切断电源,拔出振捣器。

振捣作业如图8.4.1所示。

图8.4.1　振捣作业

（7）使用覆盖物养护混凝土时,预留孔洞必须按规定设牢固盖板或围栏,并设安全标志。

（8）使用电热毯养护应设警示牌、围栏,禁止无关人员进入养护区域。禁止折叠使用电热毯,禁止在电热毯上压重物,禁止用金属丝捆绑电热毯。

（9）加热用的蒸汽管应架高或使用保温材料包裹。

（10）用软管浇水养护时,应将水管接头连接牢固,移动皮管禁止猛拽,禁止倒行拉移皮管。

桥梁构件养护如图8.4.2所示。

图8.4.2　桥梁构件养护

8.5　作业后

（1）作业完毕应断开电源，对电动机、软管、振动器进行清理、保养（图8.5.1）。

图8.5.1　振动器清理保养

（2）振动器存放于干燥处，软管平直放置。

（3）覆盖物养护材料使用完毕后，应及时清理并存放到指定地点，码放整齐。

预应力张拉工作业安全要点 9

预应力张拉工是指使用张拉机具,对预应力筋进行下料、穿束、张拉、压浆、封锚的人员。

9.1 作业风险

存在的作业风险包括物体打击、高处坠落、触电、机械伤害等。操作人员应熟悉张拉工艺和设备操作,掌握应力控制和伸长量校核等技术要点。

9.2 基本要求

该职业要求从业者持证上岗,手指、手臂灵活,具有较好的身体素质。

9.3 作业前

(1)正确佩戴和使用劳动防护用品,检查作业工具是否满足要求。

(2)张拉机具应按照检测机构检验、编号的配套组合使用。

(3)高压油泵与千斤顶之间的连接件必须完好、紧固,确认安全后方可作业。

(4)张拉作业区域应设明显警示牌(图9.3.1),非作业人员禁止进入作业区。

图 9.3.1 张拉防护棚及区域警示牌

（5）检查确认倒顶作业用支架和操作平台有足够的强度、刚度和稳定性。

（6）张拉作业应设置防护棚，防护挡板推荐使用竹胶板＋钢板软、硬双层防护，钢板厚度不低于5mm。

9.4 作业中

（1）正确佩戴和使用劳动防护用品。

（2）张拉作业时，台座两端禁止站人。

（3）张拉过程中发现油压异常等情况时，必须立即停机处理。禁止千斤顶行程超过规定值。

（4）两端或分段张拉时，必须服从统一指挥，操作工应配置对讲机并明确联络信号。

（5）作业人员应站在千斤顶或油泵侧面操作千斤顶，测量伸长值。

（6）高处张拉时，作业人员应在牢固、有防护栏的平台上作业，上下平台必须走安全梯或坡道。

（7）有压力的情况下，禁止拆卸千斤顶液压系统中的任何零件。

（8）成捆钢绞线破捆时应使用专用支架，支架上应设置导向架。

（9）应采用砂轮锯切割钢绞线，禁止使用气割烧割。

（10）穿束过程中钢绞线两侧禁止站人，禁止作业人员踩踏张拉后的钢绞线。

9.4.1 先张法作业

（1）张拉台座两端必须设置防护设施。

（2）油泵应放在台座的侧面，操作工应站在油泵的侧面。

（3）作业人员应站在横梁的上面或侧面打紧夹具。

9.4.2　后张法作业

（1）混凝土浇筑时，应通过往复抽动钢绞线或用振捣器轻敲波纹管外侧，防止水泥浆渗入波纹管造成堵塞；若采用塑料波纹管，需确保其密封良好且接头牢固，避免漏浆。

（2）两端张拉的单根或单束钢绞线应两端同时且交错张拉。

（3）禁止张拉完成后立即拆卸张拉设备，应在48h内完成压浆，压浆料满足要求后封锚。

（4）作业人员应站在张拉设备侧面，防止张拉过程中断束或断丝引起夹具及钢丝等飞出。

9.5　作业后

（1）张拉后要拉闸断电，关闭油门。

（2）所有张拉设备、仪表由专人保管，不得挪作他用。

起重信号司索工作业安全要点 10

起重信号司索工是指在起重机作业中,负责吊索吊具的准备、捆绑,确保吊物稳定性和安全性;同时负责向起重机司机传达精准的信号指令以及实时监控吊装作业环境安全的人员。

10.1 作业风险

存在的作业风险包括起重伤害、高处坠落等。

10.2 基本要求

该职业要求从业者持证上岗(图 10.2.1),具有组织、指挥及高空作业能力,色视觉正常,四肢灵活并具有良好的沟通能力。

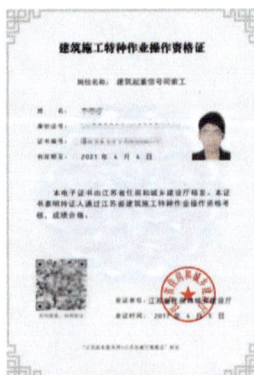

图 10.2.1 起重信号司索工特种作业操作证

10.3　作业前

(1)熟悉吊装专项施工方案。

(2)了解起重物的重量、重心、规格、尺寸等基本数据,正确选择指挥站位。

(3)正确佩戴和使用劳动防护用品,佩戴鲜明标识,如标有"指挥"字样的臂章等。

(4)应检查作业环境,清理影响作业的障碍物。设置安全警戒区,劝离与作业无关人员。

(5)检查起重设备(图10.3.1),主要是检查吊索具、钢丝绳、滑轮、安全保护装置是否完好等。

10.4　作业中

(1)检查确认警戒区内没有无关人员。

(2)严格执行专项吊装方案,遵守"十不吊"(超载和斜拉不准吊;散装物件装得太满或捆扎不牢不准吊;无指挥,乱指挥和指挥信号不明不准吊;吊物边缘锋利无防护不准吊;吊物上站人和堆放零散物件不准吊;埋在地下的构件不准吊;安全装置失灵不准吊;雾天或光线阴暗看不清吊物不准吊;高压线下面或离高压线过近不准吊;6级以上强风不准吊)的规定。

(3)清晰、准确使用信号、口令,指挥起重作业(图10.4.1)。

图10.3.1　起重设备检查

图10.4.1　现场指挥

(4)吊物起吊前应先试吊,确认吊挂平稳,制动良好,然后升高,缓慢运行。

(5)两台及以上起重机抬吊作业中,应统一指挥发出起重信号,起重机动作应配合协调、一致。

（6）指挥人员不能同时看清司机和负载时，必须增设中间指挥人员或采用无线通信系统进行辅助指挥。

（7）负载降落前，指挥人员必须确认降落区域安全后方可发出降落信号。

10.5　作业后

确认吊装完成后，按规定发出"工作结束"的信号，待司机接收信号并结束工作，确认安全后方可离开岗位。

门式起重机司机作业安全要点 11

门式起重机司机是指操纵门式起重机进行设备及货物的吊装搬运移位的人员。

11.1 作业风险

存在的作业风险包括起重伤害、高处坠落、倾覆等。

11.2 基本要求

该职业要求从业者持证上岗(图11.2.1),四肢健全灵活,动作协调性好,听力及辨色力正常。

图 11.2.1　门式起重机司机特种作业操作证

11.3 作业前

（1）正确规范佩戴和使用劳动防护用品。

（2）确认设备获得检验合格报告、使用登记证和特种设备使用标志。

（3）熟悉被吊物的基本参数，明确吊装方式。

（4）应对制动器、吊钩、钢丝绳和安全装置等部件进行检查，发现异常情况，应予以排除。

（5）检查起重机基础、轨道基础及铺设是否符合规定，轨道应平向连直，鱼尾板连接螺栓应紧固、无松动，轨道上起重机运行范围内应无障碍物。

（6）启动前确认周边环境，确保移动轨迹范围无障碍物及与作业无关人员。作业人员从专用扶梯进入操作室作业如图11.3.1、图11.3.2所示。

图11.3.1　从专用扶梯进入操作室　　　　图11.3.2　司机在操作室作业

11.4 作业中

（1）严格遵守"十不吊"的规定，并按照专项施工方案交底进行施工。

（2）起吊前应先试吊，确认吊挂平稳，制动良好，然后升高，缓慢运行。

（3）开车前发出音响信号示意，重物提升和下降操作应平稳匀速，禁止快速提升大件，并需系挂溜绳由专人辅助控制，以防重物摆动。

（4）禁止用倒车代替制动，限位代替停车，紧急停车代替普通停车。

（5）吊运重物禁止从人员上方通过。空车行走时，吊钩应离地面2m以上。

（6）运行过程中地面有人或放下吊物时，应鸣铃警告。

（7）运行过程中突然停电，必须将开关置于"0"位。如吊物未放下或吊具未脱钩,操作人员禁止离开驾驶室。

(8)吊起重物后应慢速行驶,行驶中禁止突然变速或变向。

(9)起重机行走过程中发现吊物重心偏移时应暂停作业,调整好后方可继续。

(10)遇到有风暴、雷击或6级以上大风时应立即停止工作,切断电源,拉起缆风绳并夹牢夹轨器。

11.5　作业后

(1)将起重机停放在停机线上,用夹轨器锁紧,将吊钩空载升到上部位置。

(2)将控制器拨到零位,切断电源,关闭并锁好操纵室门窗。

(3)定期对设备进行保养检修。

塔式起重机司机作业安全要点 12

塔式起重机司机是指操纵塔式起重机进行设备及货物的吊装搬运移位的人员。

12.1 作业风险

存在的作业风险包括起重伤害、高处坠落等。

12.2 基本要求

该职业要求从业者持证上岗(图 12.2.1),能进行有效交流、表述,四肢健全灵活,动作协调性好,听力及辨色力正常。

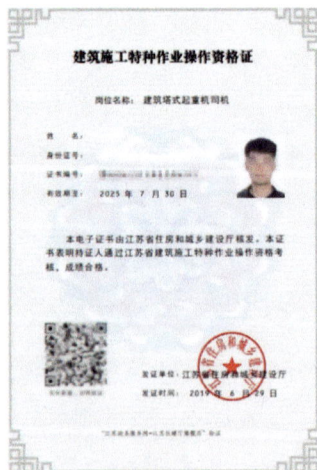

图 12.2.1 塔式起重机司机特种作业操作证

12.3　作业前

（1）正确规范佩戴和使用劳动防护用品。

（2）确认设备获得检验合格报告、使用登记证和特种设备使用标志，塔式起重机基础验收合格。

（3）熟悉被吊物的基本参数，明确当日作业任务。

（4）检查确认回转、起重、变幅等各机构的制动器、安全限位、防护装置等是否正常有效。

（5）检查确认周边环境是否符合作业条件。

12.4　作业中

（1）严格遵守"十不吊"的规定，并按照专项施工方案交底进行施工。

（2）操作人员在进行起重回转、变幅和吊钩升降等动作前应鸣声示意。

（3）操作各控制器时应从停止点（零点）转动到第一挡，然后依次逐级增加速度，禁止越挡操作。

（4）起吊时，应先将吊物吊离地面 10～30cm，经确认安全以后方可再行提升。对可能晃动、转动的重物，必须系牵引绳。

（5）禁止直接变换运转方向，禁止急开急停。

（6）禁止随意拆改安全防护装置。

（7）禁止使用限位装置代替制动。

（8）起重机所有运动部分距固定构筑物不小于 0.05m，距栏杆或扶手不小于 0.10m，距出入区不小于 0.50m。

（9）起重机械各运动部分与下方出入区之间的垂直距离不小于 1.7m，其他垂直距离不小于 0.5m。

（10）塔机的尾部与周围构筑物之间的安全距离不小于 0.6m。

（11）相邻塔机起重臂端部与塔身之间水平安全距离不小于 2m，垂直安全距离不小于 2m。

（12）大雨、雾、大雪、6 级以上大风等恶劣天气应停止吊装作业。雨雪后启动吊装作业前，应先试吊，确认制动器灵敏后方可进行作业。

塔式起重机司机作业如图 12.4.1 所示。

图 12.4.1　塔式起重机司机作业

 **12.5　作业后**

(1)升起吊钩,松开回转限位。

(2)必须将各控制器拉到零位,拉下配电箱总闸。

(3)收拾好工具,关好操作室及配电室(柜)的门窗,拉断其他闸箱的电源,打开高空指示灯。

汽车起重机司机作业安全要点 13

汽车起重机司机是指操纵汽车起重机械吊运、装卸物料的人员。

13.1 作业风险

存在的作业风险包括起重伤害、触电、车辆倾覆、车辆伤害等。

13.2 基本要求

该职业要求从业者持证上岗（图 13.2.1），能进行有效交流、表述，四肢健全、灵活，动作协调性好，听力及辨色力正常。

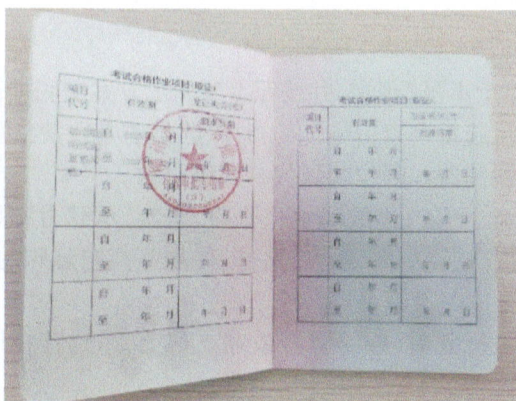

图 13.2.1　汽车起重机司机特种作业操作证

13.3 作业前

(1)正确规范佩戴和使用劳动防护用品。

(2)确认设备获得检定证书和行驶证等。

(3)检查吊具、吊索以及制动、限位装置,发现隐患及时处理。

(4)设置作业区的隔离、警示标识等,同时检查周边环境是否满足作业条件。

汽车起重机起重作业现场安全措施如图13.3.1所示。

图 13.3.1 汽车起重机起重作业现场安全措施

13.4 作业中

(1)严格遵守"十不吊"规定,并按照专项施工方案交底进行施工。

(2)作业时听从起重司索信号工的指挥,起吊前必须发出警告信号。

(3)禁止利用限制器和限位装置代替操纵机构。

(4)起重机作业、行走、停放场地应平整、坚实,承载力满足要求,排水功能良好,道路通畅。与沟渠、基坑、崖坡、路基、堤坝等高差悬殊的边缘保持一定的安全距离。

(5)汽车起重机行驶时,应将臂杆放在支架上,吊钩挂在保险杠的挂钩上,并将钢丝绳拉紧。

(6)行驶过程中,拖架上应垫厚约50mm的橡胶块,禁止起重臂硬性靠在拖架上。

（7）作业前应完全打开支腿并支撑牢固,调平机架,确认安全可靠后再进行起重作业。

（8）禁止无关人员进入汽车驾驶室。

（9）起重机与其他设备或固定建筑物的最小安全距离应在 0.5 m 以上。

（10）作业中发现起重机倾斜、支腿变形等不正常现象出现时,应立即放下重物,空载进行调整至正常状态后方可继续作业。

（11）操作时,应锁住离合器操纵杆,防止离合器突然松开。

（12）起重机接近满负荷时,应检查臂杆的挠度变化;禁止急速回转和紧急制动,起落臂杆应缓慢平稳。

（13）禁止在车的前方进行吊装作业,且禁止重物跨越驾驶室上方。

（14）吊重物时,禁止突然升降、伸缩起重臂。

（15）起重机靠近架空输电线路作业或在架空电线路下行走时,必须与架空输电线始终保持不小于国家现行标准规定的安全距离。

（16）涉路起重吊装作业,严禁侵占正常通行的行车区域。

13.5 作业后

（1）吊装作业结束,解除吊具,空勾收回,臂杆转到顺风方向,并降到 40°～60°之间,收回臂杆落至机架,收回支腿。

（2）将制动器加保险固定,关闭机棚和操作室并加锁,将起重机停放在安全坚实的平地上。

（3）定期维护保养,并做好记录。

履带起重机司机作业安全要点 14

履带起重机司机是指操纵履带起重机械吊运、装卸物料的人员。

14.1 作业风险

存在的作业风险包括起重伤害、触电、车辆倾覆、车辆伤害等。

14.2 基本要求

该职业要求从业者持证上岗,四肢健全灵活,动作协调性好,听力及辨色力正常。

14.3 作业前

(1)正确规范佩戴和使用劳动防护用品。
(2)确认设备获得检验合格报告、登记证书、特种设备使用标志等。
(3)检查吊具、吊索以及制动、限位装置,发现隐患及时处理。
(4)设置作业区的隔离、警示标识等,同时检查周边环境是否满足作业条件。

14.4 作业中

(1)严格遵守"十不吊"规定,并按照专项施工方案交底进行施工。

（2）作业时听从起重司索信号工的指挥，起吊前必须发出警告信号。

（3）禁止利用限制器和限位装置代替操纵机构。

（4）行驶和作业场地应平整坚实，承载力满足要求，排水功能良好，道路通畅；与沟渠、基坑保持一定的安全距离；过程中加强地基沉降观测。

（5）作业时，起重臂的最大仰角禁止超过使用说明书的规定，当无资料可查时，应不大于78°。

（6）吊物移动时，臂杆应保持在履带正前方，同时回转、臂杆、吊钩的制动器必须刹住。重物离地高度禁止超过50cm，并应拴好拉绳由人工辅助稳定。起重机应缓慢移动，禁止长距离负载行驶。

（7）起重机工作时，在行走、起升、回转及变幅四种动作中，不宜超过两种动作的复合操作。在满负荷或接近满负荷时，禁止同时进行两种及以上动作。

（8）起重机行驶时，禁止转弯过急，半径过小时应分次转弯。当路面凹凸不平时，禁止转弯。

（9）起重机上、下坡道时应无载行驶，禁止下坡空挡滑行，在坡道上禁止带载回转。

（10）作业中如遇突发故障，应采取措施将重物降落到安全地方，并关闭发动机或切断电源后进行检修。

（11）起重机靠近架空输电线路作业或在架空电线路下行走时，必须与架空输电线始终保持不小于国家现行标准规定的安全距离。

（12）涉路起重吊装作业，严禁侵占正常通行的行车区域。

履带起重机作业如图14.4.1所示。

图14.4.1　履带起重机作业

14.5 作业后

(1)起重机应转移到安全区域,将吊臂下降至支架上。在吊臂无法下降的状况下,应尽可能将吊钩滑轮组下降至地面,否则应将吊钩滑轮组机械固定。

(2)起重机停用时,必须锁定回转锁,提起回转制动,扣上制动器。

(3)定期维护保养,并做好记录。

浮式起重机司机作业安全要点 15

浮式起重机司机是指使用起重船上起重设备进行吊装、装卸作业的人员。

15.1 作业风险

存在的作业风险包括起重伤害、淹溺、触电等。

15.2 基本要求

该职业要求从业者四肢健全灵活，动作协调性好，听力及辨色力正常。

15.3 作业前

（1）正确规范佩戴和使用劳动防护用品。
（2）确认船舶设备获得合格证书、手续齐全。
（3）检查起重机、吊具、钢丝绳等，确保设备完好，并按规定使用。
（4）配备规定数量和类型的救生设备。
（5）检查吊装物品，确认质量和重量，并采取措施确保吊装物品的稳定。
（6）设立警戒线、标志，禁止非作业人员进入作业区，检查周边环境是否满足作业条件。

15.4 作业中

（1）严格遵守"十不吊"规定，并按照专项施工方案交底进行施工。

（2）作业时听从起重司索信号工的指挥，起吊前必须发出警告信号。

（3）吊钩作业以垂直起吊为宜，严禁吊钩横拽起重。

（4）禁止主臂和吊钩同时操作。

（5）浮式起重机最大动横倾角超过甲板入水角和船舷出水角时，应暂停作业。

（6）吊物被吊离原地时，确保制动性能良好，确保设备处于水平平稳状态。

（7）吊着的重物不得在空中长时间停留。如需短时间停留时，相关人员严禁离开工作岗位。

（8）舱内保持干燥，发现积水及时抹干并杜绝水源。

（9）发现存在大风、大雾、雷雨或其他恶劣天气情况，立即停止吊装作业，并采取适当的保护措施。

（10）6级以上的大风禁止起吊作业。

浮式起重机作业如图15.4.1所示。

图15.4.1 浮式起重机作业

15.5 作业后

（1）定期对浮式起重机进行检修，并对机械设备进行保养。

（2）加强救生设备的管理、保养和检查。

架桥机操作工作业安全要点 16

架桥机操作工是负责操作架桥机,进行预制构件吊装,并承担架桥机作业前检查、作业中安全操作与协同配合、作业后维护保养等工作的人员。

16.1 作业风险

存在的作业风险包括起重伤害、高处坠落、机械伤害、物体打击、倾覆等。

16.2 基本要求

该职业要求从业者持证上岗,具有高空作业能力,色视觉正常,四肢灵活。

16.3 作业前

(1)正确规范佩戴和使用劳动防护用品。

(2)确认设备获得检验合格报告、使用登记证和特种设备使用标志。

(3)确认施工现场达到架设条件,严格按照专项施工方案进行施工。

(4)仔细检查主、辅梁导梁以及前支架各部位销子是否锁定,并插上防退销(图16.3.1),禁止不锁销子加载。

(5)检查塞垫、枕木、轨道以及连接板的安装是否符合要求。

(6)作业前应进行试吊,将架设区域设置为封闭区域,设置警示标识,禁止非施工人员进入现场。

图 16.3.1　架桥机检查

16.4　作业中

（1）禁止用除两手外的身体其他部位接触控制面板。

（2）禁止利用安全装置停车。

（3）吊运时，如遇设备故障无法放下梁板，应立即切断电源，紧急通知地面人员立刻疏散。

（4）过孔动作前，应确认中托 U 形螺栓拆除、稳固桥机倒链拆除，检查后托销轴是否安装到位。

（5）过孔作业时，专人看护后支腿，防止剐蹭梁顶。专人看护电缆、油管，避免挂断。

（6）过孔作业时，专人观察中托、后托与主梁是否脱空或卡阻。

（7）前支腿到位后，立即安装前横移轨道，竖立前支腿，插入承重销轴，确认可靠后方可解除后配重梁。

（8）过孔运行时，如果发现摇滚电机及其传动机构不正常工作时，应停车检查，排除故障。

（9）架设梁板跨越通行路段或通航水域时，应在两侧设置禁止通行区域，防止车辆、人员、船只通过。

（10）现场人员发出危险信号后，应立即采取相应措施。

（11）架桥机任何部位靠近架空输电线路作业或在架空输电线路下行走时，必须与架空输电线始终保持不小于国家现行标准规定的安全距离。

（12）大雨、雾、大雪、6 级以上大风等恶劣天气应停止吊装作业。

16.5 作业后

(1)定期对柴油发电机、空压机、电气及液压系统和车辆设备进行维护保养。

(2)架桥机整机检查与归位、吊具与配件管理、场地清理。

挂篮操作工作业安全要点 17

挂篮操作工是指负责挂篮拼装、行走、移位、拆卸等工作的人员。

17.1 作业风险

存在的作业风险包括高处坠落、倾覆、物体打击等。

17.2 基本要求

该职业要求从业者具有一定的施工经验和较强的识图能力,能正确理解施工方案,四肢健全灵活,动作协调性好,听力及辨色力正常。

17.3 作业前

(1)接受安全技术交底,熟悉挂篮结构以及检查挂篮主桁、吊带、轨道等是否满足施工条件,正确规范佩戴和使用劳动防护用品。

(2)确认挂篮设备验收合格。

(3)检查并确保操作区域没有明显的危险因素,如电线、高压设备等。封闭作业的下方区域,禁止人员、车辆、船舶等通行。

17.4　作业中

（1）应对挂篮的锚固系统、支点、吊带等进行全面检查。

（2）挂篮拼装完成后必须进行压载试验，确保符合设计要求。

（3）检查并确认作业区域及周边环境，清除隐患后方可进行挂篮的行走作业。

（4）禁止在斜拉带、钢板吊带等周围进行焊接作业。

（5）保证吊带竖直受力，禁止使吊带弯曲。

（6）挂篮钢吊带的收放必须同步进行，确保受力均匀。吊带收紧后，应检查各钢吊带受力是否均衡，如不均衡应重新调整。

（7）作业中应听从统一指挥，两侧行走必须同步一致。

（8）挂篮行走偏位不得大于5mm，防止挂篮受扭力破坏。

（9）必须设专人监控防倾覆临时锚固等保险装置始终完好可靠、锚固牢固。禁止随意拆除后锚锚固点。

（10）挂篮前移时要一次行走到位，禁止过夜停留。

（11）禁止在大风、雷雨、浓雾霾等恶劣天气时行走挂篮或进行挂篮施工作业；夜间作业时，需满足照明条件。

（12）挂篮行走移位时，当发现滑槽某处运行受阻或其他异常情况时，应立即听从指挥，停止挂篮行走。待故障排除确认无误后，方可继续作业。

（13）禁止随意拆除或松动挂篮的锚固系统、螺栓等承重设备。

（14）施工操作平台应铺脚手板，四周设护脚护栏并加挂安全网，平台上禁止堆放施工物品。挂篮施工安全防护示例如图17.4.1所示。

（15）混凝土浇筑过程中应设专人监测吊带、锚固系统、侧模等主要受力部件有无变形，发现问题及时处理。

（16）应严格按照拆除施工方案进行挂篮拆除。

图17.4.1　挂篮施工安全防护示例

（17）挂篮落架前应严格检查受力杆件、锚固和起降系统是否完好，慢速落架，保持平稳同步。

17.5 作业后

（1）及时清理挂篮内的杂物和垃圾,检查挂篮各部件是否完好无损,锚固是否牢固。

（2）进行必要的维护和保养。

回旋钻机操作工 作业安全要点 18

回旋钻机操作工是指操作回旋钻机进行钻孔、扩孔等成桩工序的人员。

18.1 作业风险

存在的作业风险包括触电、机械伤害等。

18.2 基本要求

该职业要求从业者持证上岗(图 18.2.1),肢体灵活,动作协调,听力及辨色力正常。

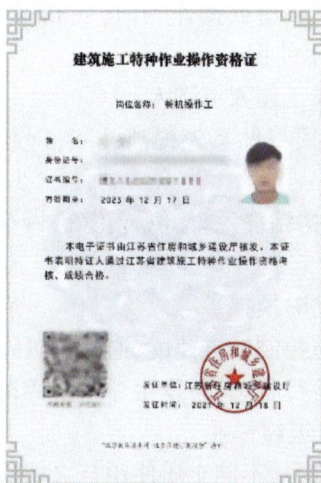

图 18.2.1 桩机操作工特种作业操作证

18.3　作业前

（1）钻机作业场地应坚实平整，工作坡度不大于 2°，确保钻机能够正常回转。

（2）钻机立架时应有专人指挥，禁止无关人员靠近。

图 18.3.1　作业区域无地面障碍物

（3）检查各传动箱润滑油是否充足，各连接处是否牢固可靠，泥浆泵运转是否工作正常。

（4）检查并确认发动机、液压系统、钻具、钢丝绳等性能良好，固定上车转台和底盘车架的销轴已经拔出。

（5）清除作业区域的地面障碍物（图 18.3.1），并查明并标识地下光缆、电缆及煤气管道等隐蔽线管的位置。

（6）检查人员着装，禁止穿宽松衣物，防止被卷入发生危险。

18.4　作业中

（1）钻机驾驶员进出驾驶室或操作台时，应利用阶梯和扶手上下。在作业过程中禁止将操纵杆当扶手使用。

（2）作业范围内禁止非工作人员进入。

（3）在转盘启动前，必须将钻具先提离孔底，待起动后再慢慢放下，停转前亦须先把钻具提起。

（4）开始钻孔时，应保持钻杆垂直、位置正确、慢速钻进，待钻头进入土层后再加快钻进。

（5）禁止转盘高速转动时换挡。

（6）回旋钻机钻进时应控制钻进速度，避免长时间超负荷工作。

（7）须持续关注仪表运行状态，若发生浮机现象时，应立即停止作业。待查明原因并正确处理后，方可继续作业。

（8）应经常检查土质状况，不同土质使用与之相适应的钻具，以保证钻孔进

度和成孔质量。对磨损的钻具应及时修补、更换。

(9)钻进移位时,应将钻桅及钻具提升到规定高度,提钻过程中禁止钻头转动。同时检查钻杆,防止钻杆脱落。

(10)钻机行驶时,应将上车转台和底盘车架销住,履带式钻机还应锁住履带伸缩油缸的保护装置。

(11)钻机场内转移工作点、装卸钻具钻杆、收臂放塔和检修调试时,应有专人指挥,并确认周围没有非作业人员和其他障碍。

(12)故障停机应先将钻具提升至安全位置,必要时要把钻头吊离孔内。

18.5　作业后

(1)钻机短时停机时,钻桅可不放下,动力头及钻具应下放,尽量接触地面。

(2)长时间停机,必须把钻桅放倒,将钻机支撑牢靠,按规定进行保养,并遮盖主要部位。

混凝土拌和站操作工作业安全要点 19

混凝土拌和站（图 19.0.1）操作工是指使用混凝土搅拌机械，按照一定配合比生产出施工所需混凝土的人员。

图 19.0.1　混凝土拌和站

19.1　作业风险

存在的作业风险包括机械伤害、触电等。

19.2　基本要求

该职业要求从业者手指、手臂灵活，具备必要的安全技术知识与技能。

19.3　作业前

(1)检查设备各部件状态,确保装置完好、连接螺栓紧固,漏电保护装置功能正常、电气设备接地可靠且灵敏有效。

(2)检查各进、排料阀门磨损情况,确认无超限磨损;检查各输送带张紧度是否符合要求,确保无跑偏现象;同时清理输送皮带及搅拌机内凝固物料。

(3)检查搅拌筒内及各配套机构,确认仓门、斗门、轨道等运动部件均无异物卡住。

(4)检查各润滑油箱的油面高度,确保其符合规定。

(5)检查并确保提升斗或拉铲的钢丝绳安装正确、卷筒缠绕规范,钢丝绳及滑轮符合规定,提升料斗及拉铲的制动器灵敏有效,提升斗保险销可靠。

(6)除上料区域外其他区域应设置隔离装置,禁止无关人员进入。

19.4　作业中

(1)控制室操作人员禁止擅自离岗,禁止无关人员进入控制室。

(2)机组启动后,各部件运转、仪表指示情况正常,油、气、水的压力符合要求方可开始作业。

(3)禁止作业人员进入储料区内和提升斗下方。如需到提升斗下工作,必须先用保险销锁死。

(4)禁止搅拌机满载搅拌时停机。

(5)当发生故障或停电时,应立即切断电源,锁好开关箱,将搅拌筒内的混凝土清除干净,然后排除故障或等待电源恢复。

(6)维修设备或清理物料时,设"禁止合闸"标志,并设专人监护。清理搅拌机内时,原则上进入清理的人员应携带总电源钥匙。

(7)搅拌机停机前,应先卸载,然后按顺序关闭各开关和管路。

19.5　作业后

(1)应切断电源、锁闭开关箱,关闭、锁好操作室门窗。

（2）清理时应悬挂标志,如需要使用电源,原则上应单独采用供电线路或供电系统,禁止使用拌和机系统的电源接电。

（3）清理搅拌筒、出料门及出料斗,同时冲洗附加剂及其供给系统。必须将螺旋管内水泥全部输送出来,管内禁止残留任何物料。

挖掘机司机作业安全要点 20

挖掘机司机是指操作挖掘机进行挖、铲、填、运土石物料,平整、破碎等工作的人员。

20.1 作业风险

存在的作业风险包括机械伤害、设备倾覆、触电等。

20.2 基本要求

该职业要求从业者持证上岗(图 20.2.1),具有空间感、形体知觉和色觉,肢体灵活,动作协调。

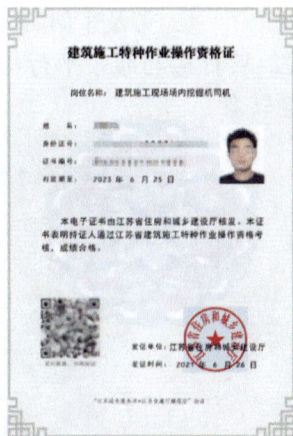

图 20.2.1 挖掘机司机特种作业操作证

20.3 作业前

（1）必须定人、定机、定岗位，明确职责。

（2）全面检查并确认照明、信号装置齐全有效，各连接件无松动现象，液压系统无渗漏现象，轮胎气压符合规定，设备制动正常。

（3）检查施工现场，查明地上、地下管线和构造物的情况。禁止在距电力、通信电缆、油气管道等周围规定安全区域以外作业。

20.4 作业中

（1）使挖掘机处于水平位置，行走机构处于制动状态。若地面泥泞、松软和有沉陷危险时，应用行道板等垫妥（图20.4.1）。

图20.4.1 挖掘机在硬化地面作业

（2）禁止任何人站在铲斗内、铲臂、履带上，确保人员作业安全。

（3）禁止任何人进入挖掘机回转半径范围内或铲斗作业区域下面，禁止非驾驶人员进入驾驶室。

（4）铲斗挖掘时每次取土不宜太深，禁止过猛提斗，以免损坏机械或造成倾覆事故。铲斗下落时，注意不要撞击履带及车架。

（5）先观察鸣笛，后挪位。臂杆应与履带平行（图20.4.2），禁止超过机械允许最大坡度行进，禁止过急转弯。

图20.4.2 挖掘机作业

（6）挪位后确保挖掘机旋转半径周围无障碍。

（7）人员需在挖掘机回转半径内工作时，挖掘机应停止回转，并将回转机构制动住后，方可进行工作。

20.5　作业后

（1）工作结束后，应将挖掘机停在规定位置，锁好门窗。

（2）驾驶员必须做好日常维保工作和每日记录，发现车辆有故障及时汇报修理。

（3）检查电线路绝缘和各开关触点是否良好。检查液压系统各管路及操作阀、工作油缸、油泵等是否有泄漏，动作是否异常。

装载机司机作业安全要点 21

装载机司机是指操作装载机进行推铲、装卸土石物料等作业的人员。

21.1 作业风险

存在的作业风险包括设备倾覆、机械伤害、车辆伤害等。

21.2 基本要求

该职业要求从业者须持证上岗(图 21.2.1),具有空间感、形体知觉和色觉,肢体灵活,动作协调。

图 21.2.1 装载机司机特种作业操作证

21.3 作业前

（1）全面检查并确认照明、信号装置齐全有效，各连接件无松动现象，液压系统无渗漏现象，轮胎气压符合规定，设备制动正常。

（2）检查施工现场，确保作业环境无安全隐患。

21.4 作业中

（1）起步前将铲斗升到离地0.5m左右。作业过程使用低速挡，行驶过程使用高速挡。

（2）禁止使用铲斗载人，禁止使用铲斗作为登高作业平台。

（3）禁止在倾斜度超过规定的场地上作业。在不平的地方作业，可稍提升铲斗，装料时铲斗应从正面低速插入，防止铲斗单边受力。

（4）满载运送时，铲斗应保持在低位。

（5）行走及作业时，注意观察周围，3m以内禁止有人。

装载机装料作业如图21.4.1所示。

图21.4.1　装载机装料作业

21.5 作业后

（1）工作结束后，应将装载机停放在平坦、坚实的地面，不妨碍其他车辆通行，并将铲斗落地，锁好门窗（图21.5.1）。

（2）禁止在发动机运转的情况下进行检查和维修工作。

（3）检查燃油或加油时，禁止吸烟和用明火实施照明。

（4）司机必须做好设备的日常维保工作（图21.5.2），做好每日记录，发现车辆有故障及时汇报修理。

图21.5.1　装载机规范停放

图21.5.2　装载机检查和保养

混凝土运输车司机作业安全要点

22

混凝土运输车司机是指操作专用混凝土搅拌运输车辆,通过车载搅拌罐完成混凝土运输及搅拌作业的人员。

22.1 作业风险

存在的作业风险包括车辆倾覆、车辆伤害等。

22.2 基本要求

该职业要求从业者具有空间感、形体知觉和色觉,肢体灵活,动作协调。

22.3 作业前

(1)作业前检查车体外观是否正常,有无漏水、漏油、漏气、漏电等现象。

(2)检查并确认车体结构连接、轮胎气压及磨损情况正常。

(3)确认离合器接合平稳可靠,制动踏板及加速踏板行程符合要求,风窗玻璃完好,后视镜调节到位、视野良好。驻车制动有效,挡位操纵杆处于空挡。

(4)卸料槽锁扣及搅拌筒的安全锁定装置应齐全完好。

22.4 作业中

（1）装料前应先空载运转，经检查无误并低速旋转搅拌筒 3～5min 后方可装料。装载量不得超过额定容积。

（2）车辆按规定路线行驶，应随时注意通行区域的高度、宽度，防止发生剐蹭、碰撞事故。

（3）车辆通过软基或泥泞地段时，应低挡匀速行驶。严禁突然换挡、制动或加速，不得靠近路边或沟旁行驶，谨防侧滑。

（4）下坡路段，提前减速，并充分利用发动机阻力控制车速，严禁空挡滑行；上下坡须与前方车辆保持 50m 以上的车距。

（5）在弯道、交叉区域行驶时，必须减速鸣笛，缓慢通过。

（6）在雨、雪、大雾等恶劣天气行驶时，必须减速慢行，适当加大车距。

（7）积雪、结冰道路行驶时，应采取有效的防滑措施（如挂设防滑链）。

（8）夜间行车或进入地下空间时，应及时打开车灯。

（9）车辆运输混凝土途中应保持搅拌筒持续旋转，并按混凝土初凝时间控制运输时长，在初凝前放出。

（10）进入施工现场按规定线路及速度行驶，注意避让人员及障碍物。

（11）车辆回转、倒车、卸料时设专人指挥。出料时应可靠制动。

（12）到达作业面时应听从指挥，注意观察，缓慢就位。

（13）停车地面平整坚实，与基坑边缘、输电线路等保持安全距离。

混凝土运输车装料如图 22.4.1 所示。

图 22.4.1　混凝土运输车装料

22.5 作业后

（1）作业后，应先熄火，然后对料槽、搅拌筒入口和托轮等处进行冲洗，及时清除混凝土结块。

（2）当需要进入搅拌筒内清除结块时，必须严格执行上锁、挂牌制度。

运梁车司机
作业安全要点
23

运梁车司机是指驾驶运梁车,将预制梁段运输至施工现场的人员。

23.1 作业风险

存在的作业风险包括车辆倾覆、车辆伤害等。

23.2 基本要求

该职业要求从业者具有空间感、形体知觉和色觉,肢体灵活,动作协调。

23.3 作业前

(1)每班开始作业前,均需对电气、液压系统进行全面检查,并在空车状态下试动作,确无异常后方可进行作业。

(2)必须保证运梁车照明灯、车辆故障报警灯、信号灯以及设置在平台两端的方向指示灯等良好运行工作。

(3)检查通信设施的完好性,确保前后车通信畅通。

(4)启动前,应全面检查预制梁的支垫及支承情况,检查运梁车的方向及制动等,确认无误后方可运行。

(5)查验运梁车行驶路线,包括路况、限载、管线、限高等;根据载重量等选择合适型号的运梁车。

23.4 作业中

（1）运梁车装梁时，梁片重心应落在台车纵向中心线上，偏差不得超过20mm。

（2）紧急停机必须严格按照以下工作顺序进行：红色蘑菇形按钮→微电系统停电→整车停→发动机不停。

（3）严格控制满载或爬坡时的车速。严禁使用空挡滑行。

（4）密切注意运梁车及前方道路情况，发现异常，及早采取相应措施。非紧急情况，禁止高档位急起急停。

（5）路面湿、滑及冰冻等要采取相应防护措施，降低运梁速度。

（6）梁前端接近架桥机尾部时应提前减速，慢速喂梁。必要时点动对位，禁止冲撞、挂碰架桥机任何部位。

运梁车作业如图23.4.1所示。

图23.4.1　运梁车作业

23.5 作业后

（1）运梁车应定期进行维护保养。

（2）每班均需观察液压润滑系统的油位，并及时补充或更换。液压管线的接头，应无任何渗漏现象，如有异常及时更换或维修。

船舶司机作业安全要点 24

船舶司机是指在海上和内陆水道中操作不同类型船只的专业人员。

24.1 作业风险

存在的作业风险包括船舶倾覆、船舶伤害、淹溺等。

24.2 基本要求

该职业要求从业者拥有船舶操作证书（图24.2.1），具有空间感、形体知觉和色觉，肢体灵活，动作协调，具备应急处理技能。

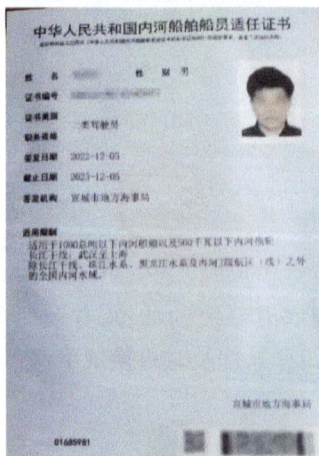

图24.2.1　船舶操作证书

24.3　作业前

（1）开航前检查舵机等机电设备是否能够正常运转，航行灯具是否正常发光。

（2）开航前检查燃润料是否充足，消防设备、救生设备以及系泊缆绳是否正常。

24.4　作业中

（1）航行途中必须加强瞭望，及时掌握航标、航道、航行信号，水文、气象、来往船舶动态和周围环境，结合本船操纵性能采取一切有效措施确保航行安全。

（2）进出港口、狭窄水道、船舶密集区时，注意来往船只，正确判断，采取早让、宽让，及时准确施放声号。

（3）行驶中发现机器故障、船舶失控或船体漏水时，必须采取安全措施，并启动应急预案。

（4）遇天气恶劣，视程不佳或遇疑难情况无把握处理时，及时上报并暂停作业（图24.4.1）。

图24.4.1　船舶停靠

（5）遇大风浪应根据海况，天气发展趋势及本船具体装载、船舶技术情况，采取抗风或去附近港口锚地避风的措施。

24.5 作业后

做好船舶环境和设备的清洁卫生,对设备进行检查并排除"三漏"(漏水、漏油、漏气),检查蓄电池及电解液密度,检查机油柜、发动机、齿轮箱等的机油位、膨胀水箱冷却水液面高度等。

绳锯、水刀切割作业安全要点 25

25.1 作业风险

存在的作业风险包括机械伤害、触电、物体打击等。

25.2 基本要求

(1)绳锯、水刀切割应由专职操作人员操作,人员经安全教育、培训、考核合格后上岗。

(2)正确使用绳锯、水刀切割安全防护用品。

(3)绳锯切割设备应符合《超硬磨料制品　金刚石绳锯》(GB/T 30470—2013)要求和出厂规定,配备完好有效的传动机构保护罩、挡板等安全防护装置,不得使用超过年限的绳锯切割设备和储存超过 2 年的金刚石串珠,绳锯设备宜设置远程遥控器,远程启动或关闭设备。

(4)水刀切割设备应符合安全技术标准和出厂规定,配备完好有效的防溅板、安全阀等安全防护装置,使用外观无缺陷、各项性能指标符合《移动式水切割机》(JB/T 14046—2020)要求的水刀切割设备。

25.3 绳锯切割作业前

(1)接受安全技术交底,签字确认。

（2）确认作业周边状况是否符合施工方案要求。设置警戒区,区域不得小于2倍绳长且不小于15m,警示标志标牌应齐全,警戒区禁止与施工无关的人员进入(图25.3.1)。

图 25.3.1　绳锯切割作业现场安全警戒

（3）检查绳锯(金刚石串珠绳)是否完好,确保无断股、磨损超限或严重变形。检查主电机、导向轮、张紧装置、冷却系统(水泵/水管)等部件状态是否正常。检查电源线路、开关及控制系统是否绝缘良好,是否漏电风险。

（4）防护检查。切割设备与绳锯链条均设滑动式防护罩,根据绳锯长度和设备移动位置自动调节防护范围,操作人员应佩戴安全帽、防砸背心、防护挡板,宜使用防尘口罩、防冲击眼镜、防噪声耳塞、防滑手套、防砸劳保鞋等防护装备。

25.4　绳锯切割作业中

（1）绳锯切割施工过程中应严格控制卡绳、断绳风险。绳锯运行速度应控制在30~50m/min，严禁超高速运转，避免断绳；作业过程中应保持冷却系统正常工作，防止金刚石串珠过热磨损。施工过程应结合不同的工况条件施工：

①桥梁结构拆除切割：桥梁纵横断面混凝土切割应加强多组绳锯施工同步性管理，纵横向切割线两侧应设置足够的刚性支撑，防止切割过程出现结构物变形导致卡绳。

②桥梁混凝土墙式护栏切割：桥梁混凝土护栏应先竖向分段切割，再从根部横向水平切割。为防止绳锯水平切割出现卡绳风险，护栏分段切割长度应不超过3m，并在每个护栏节段钻取吊装孔，水平切割必要时应在初始切割部位增加填缝钢板，降低分段切割卡绳风险。

③桥梁中分带护栏基座切割：桥梁内护栏基座应先竖向分段切割，再从根部横向水平切割。为防止绳锯水平切割出现卡绳风险，护栏分段切割长度应不超过5m，且施工过程中护栏基座上不得存放任何重物。内护栏基座切割如涉及对向车道通行时，应采取有效防护措施防止各类飞溅物造成社会车辆通行风险。

④立柱切割：立柱等垂直构件横向切割容易造成卡绳风险，施工时切割断面宜倾斜向下控制。如进行立柱中上部切割，应充分考虑绳锯设备作业条件，严格验收作业平台，控制绳锯切割长度。

⑤盖梁切割：盖梁构件切割前应认真计算分段重量，宜采取立柱两侧平衡重量方式进行切割，防止悬臂端变形不一致造成卡绳风险。

⑥一字墙、翼墙、墙身切割：各类墙身切割应重视绳锯工作长度，切割临空面应设置警戒。

⑦跨线桥梁切割：跨线桥梁开展绳锯切割施工时应封闭桥下交通，如不能封闭应采取交通管制方式进行施工。

（2）作业区防护板防护范围应根据绳锯长度及时调整。

（3）绳锯管理：作业过程中操作人员应随时关注金刚石串珠状态，并根据规范要求确定是否需要更换，外径磨损超过0.2mm时不得再使用。金刚石串珠断裂以后，应加强接压头处理质量管控，清除表面异物，确保压头无松动。

（4）使用水雾或除尘设备减少粉尘扩散。

（5）选择低噪声设备，减少对周边环境的影响。

（6）切割过程中严禁无关人员及车辆进入作业区域和警示区域，一旦有异常现象，必须马上关闭设备停止切割。

25.5 绳锯切割作业后

（1）清理现场：及时清理切割产生的碎屑和废弃物，保持现场整洁。

（2）设备维护：对绳锯设备、金刚石串珠进行定期保养，并做好记录，有缺陷零部件应立即进行更换。

25.6 水刀切割作业前

（1）接受安全技术交底，签字确认。

（2）确认作业周边状况是否符合施工方案要求；水刀切割作业时警戒区应设在喷嘴正下方，宜对桥下进行全面封闭；桩基环切作业应以桩基为中心点 5m 外设置警戒区；水刀凿毛作业可不设警戒区；警示标志标牌应齐全，警戒区禁止无关人员进入（图 25.6.1）。

（3）检查水刀设备主机安全阀、安全爆破元件、紧急停止按钮、断路器、安全监控系统、泄压装置、防溅板、超高压水管接头等是否完好。

（4）操作人员应佩戴手套、防护眼镜、防噪声耳塞等防护装备。

图 25.6.1

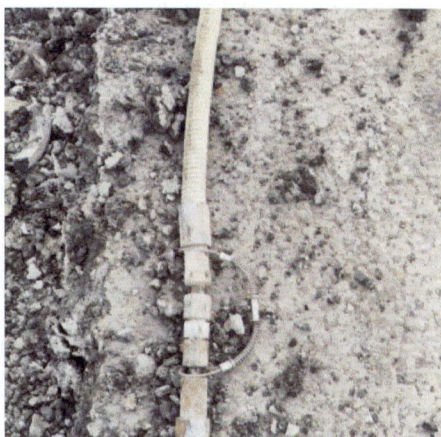

图 25.6.1 水刀切割作业现场安全警戒

25.7 水刀切割作业中

（1）严格按照施工方案和厂家设备说明书操作。切割头应安装牢固，切割过程中不产生晃动及位移；切割作业过程中防溅板禁止打开；高压水开关阀应开关灵敏、无泄漏；切割平台应运行平稳，无抖动和爬行现象。

（2）选择低噪声设备，减少对周边环境的影响。

（3）切割过程中严禁无关人员及车辆进入警示区域，非设备操作手禁止使用水刀设备，一旦有异常现象，必须立即关闭设备停止切割。

（4）水刀切割作业禁止行为：

①切割头上未设置防溅板。

②带电带压维修作业。

③切割作业过程中身体进入高压水范围内。

④切割过程中未设置警戒区。

⑤无关人员进入警戒区。

25.8 水刀切割作业后

（1）清理现场：及时清理切割产生的碎屑和废弃物，保持现场整洁。

（2）设备维护：对水刀设备主机安全阀、安全爆破元件、紧急停止按钮、断路器、安全监控系统、泄压装置、防溅板、超高压水管接头等定期维护，并做好记录，有缺陷的零部件应立即进行更换。

特殊环境作业安全要点 26

26.1 有限空间作业

26.1 有限空间作业

26.1.1 作业风险

存在的作业风险包括窒息、中暑等。

26.1.2 安全要点

（1）严格执行作业审批制度，经批准后方可作业。

（2）坚持"先通风、再检测、后作业"的原则。

（3）必须采取充分的通风换气、降温措施，确保整个作业期间处于安全可控状态。

（4）作业人员必须佩戴安全带（绳）等防护用品。

（5）应明确与监护人员信息沟通的工具、方式和内容。可行条件下，可采用防爆对讲机等通信工具。

（6）监护人员应全程持续监护，能跟踪作业者作业过程，实时掌握监测数据。

（7）发现异常时，监护人员应立即向作业人员发出撤离警报，并协助作业者逃生。

以箱梁内部为例，箱梁内部作业如图 26.1.1 所示。

26.1.3 急救措施

（1）应配备必要的急救器材、物资和药品。

（2）发现有先兆中暑和轻症中暑表现时，迅速撤离高温环境，选择阴凉通风的地方休息。多饮用一些含盐分的清凉饮料，在额头、太阳穴涂抹清凉油、风油精等外用药物，或服用人丹、十滴水、藿香正气水等中药。

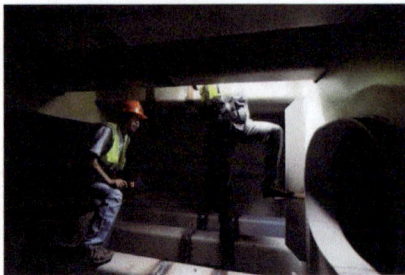

图 26.1.1 箱梁内部作业

（3）救援人员应戴好防毒面具，立即将患者转移至空气清新处，解开患者的衣扣腰带，使其能自由呼吸新鲜空气。当患者呼吸微弱及心脏停止跳动时，应立即进行人工呼吸。

26.2 涉路作业

26.2.1 作业风险

存在的作业风险包括车辆伤害、机械伤害、物体打击等。

26.2.2 安全要点

（1）施工单位应编制专项施工方案（交通组织方案），经相关部门联合评审通过并书面审批后方可实施。

（2）施工作业单位必须在施工前按要求设置明显的施工标志、安全标志，并根据施工进度及时调整设置地点和内容。

（3）作业现场应根据封道示意图设置施工车辆进出通道指示牌，施工车辆严格按照指示牌进出，严禁随意穿越中央隔离带或乱停乱放。

（4）施工车辆必须证件齐全，设置明显的施工作业标志和道路作业示警灯，喷涂明显标志图案，按规定在批准的施工作业区内作业。

（5）在公路改扩建及跨越公路作业时，禁止作业人员随意横穿公路或进入社会车辆通行区域。

（6）巡查人员发现存在安全隐患的，应要求施工单位现场人员立即采取措施。

（7）施工材料必须按规定堆放在施工作业区，夜间设置反光警示标志，施工路段严禁堆放易燃易爆物品。

(8)涉路施工起重吊装作业,严禁起重机大臂转向通行车道一方,如有需要须专项申请;作业过程中严禁大臂侵入社会车辆通行区域。若作业条件受限,应根据现场条件做好临时交通管制措施。

(9)在电力线路附近施工时,必须严格遵守安全技术交底要求,保护好电力线路。临近电力线路施工安全距离如图26.2.1所示。

图26.2.1 临近电力线路施工安全距离

26.2.3 急救措施

(1)原则上先抢救,后固定,再搬运,并注意采取措施,防止伤情加重或感染。

(2)一般伤口出血,先用生理盐水涂上红汞药水,然后盖上消毒纱布,用绷紧带包扎。严重出血时,应使用压迫带止血法。

(3)骨折急救可就地取材,固定住骨折处上下两个关节或不使断骨错动。脊柱骨折或颈部骨折时,除非是火灾等特殊情况,应让伤者留在原地,等待医护人员搬动救治。

26.3 水上水下作业

26.3.1 作业风险

存在的作业风险包括淹溺等。

26.3.2 安全要点

(1)应当经海事管理机构许可,并根据需要核定相应安全作业区。

（2）设置相关的安全警示标志、配备必要的安全设施或者警戒船。设置救生器材,配备通信工具。

（3）制定水上水下作业方案(交通组织方案)、保障措施、应急预案和责任制度,符合水上交通安全和防治船舶污染水域环境要求。

（4）水上、水下作业人员必须佩戴合格劳动防护用品。

图26.3.1 水上作业平台

（5）施工前应对作业平台进行检查,平台顶部应满铺面板,面板与下部结构连接牢固。顶面的四周应设置防护栏杆、挡脚板及安全网(图26.3.1)。

（6）作业前,应观察作业区水域水位、水流等,超限应停止水上作业,并及时报告。

（7）遇有6级以上强风、浓雾等恶劣气候,或浪高超过1.5m、水流过急时,停止作业。

（8）施工中发现水上作业的安全技术设施有缺陷和隐患时,必须及时解决;危及人身安全时,必须停止作业。

（9）对施工作业场所有坠落可能的物件,应先行撤除或加以固定。水上作业中所用的物料,均应堆放平稳,不妨碍通行和装卸(图26.3.2)。工具应随手放入工具袋;作业中平台应随时清扫干净;拆卸下的物件及余料和废料均应及时清理运走,禁止任意乱置或向下丢弃。传递物件禁止抛掷。

图26.3.2 平台物料堆放场景

（10）雨雪天气进行水上平台作业时,必须采取可靠的防滑、防寒和防冻措施。水、冰、霜、雪均应及时清除。

(11)暴风雪及台风暴雨前后,应对水上作业安全设施逐一加以检查,发现有松动、变形、损坏或脱落等现象,应立即修理完善。

(12)确认装备水密良好时,才能下潜。须沿入水绳下潜,下潜的速度以10~15m/min为宜。

(13)监护人员密切注意下潜人员的动态,如有异常情况,果断指挥预备潜水员下潜协助解决或紧急上升出水。

(14)下潜人员上升过程中,严格控制上升速度在7~8m/min。

(15)潜水员上升到停留站时可直接进入减压架中,然后由水面潜水指挥者按预定计划的减压方案进行各站上升减压。

(16)潜水员出水后,现场休息15min,待身体没有任何不适的情况下才能离开潜水现场。

(17)当日水下作业的潜水员,必须隔日才能潜水(24h内不得潜水),12h内不能坐飞机。

26.3.3　急救措施

(1)清除溺水者口鼻内的污物,垫高溺水者腹部。使其头朝下,压拍其背部,使吸入的水从口、鼻流出。

(2)检查溺水者是否有自主呼吸,如无,则应立即进行人工呼吸。如心跳停止,则应进行人工呼吸,同时进行体外心脏按压。

特殊天气作业安全要点

27

27.1 高温作业

27.1.1 作业风险

存在的作业风险包括中暑等。

27.1.2 安全要点

(1)合理调整工作时间,发放防暑降温物品,定期健康体检。

(2)避免长时间从事高温作业,减少不必要的体力劳动;避免在高温的环境下单独工作。

高温作业安全防护如图27.1.1所示。

图27.1.1 高温作业安全防护

27.1.3 急救措施

(1)发现有先兆中暑和轻症中暑表现时,迅速撤离高温环境,选择阴凉通风的地方休息。多饮用一些含盐分的清凉饮料,在额头、太阳穴涂抹清凉油、风油精等外用药物,或服用人丹、十滴水、藿香正气水等中药。

(2)对于重症中暑者,如果出现血压降低、虚脱时应立即平卧,迅速将其送至医院进行救治。

27.2 雨季作业

27.2.1 作业风险

存在的作业风险包括触电、坍塌等。

27.2.2 安全要点

(1)配备防汛应急物资和器材。

(2)雨期来临前应对现场供电线路、电气设备和临边设施进行全面检查。

(3)采取必要的防雨、排水措施。

(4)应及时清扫地面积水,及时抽排基坑积水。

(5)加强边坡检查,及时消除隐患。

(6)大雨后应及时检查临时设施、支架、脚手架等是否牢固,起重设备的基础、轨道是否稳固无变形,临时用电线路是否完好。

27.2.3 急救措施

(1)发生触电事故后,立即切断电源。将触电者抬至安全地带平放仰卧,严密观察。若发现患者昏迷、心跳停止,则应同时做胸外按压心肺复苏术。

(2)用机械、器具清除压埋受困人员上方和周围的土方、杆件和重物、硬物等,使压埋者恢复呼吸顺畅,减少伤员挤压综合征发生;去除伤者身上的硬质物品和用具,多人缓慢将其平托抬放至安全平坦的地面。

27.3 冬季作业

27.3.1 作业风险

存在的作业风险包括高处坠落、机械伤害等。

27.3.2 安全要点

(1)在冬期前应加强机械设备检查保养(图27.3.1),换用适合本地区气温情况的防冻液、燃油、液压油、润滑油及安装预热、保温装置。

图27.3.1 消防设施检查

(2)露天作业必须对爬梯、护栏扶手、作业平台及潮湿易冻的主要路面做好防滑工作。

(3)施工用水要严格进行规范排放,严禁积水。冬季施工道路易冻处,禁止洒水。

(4)施工人员穿着工作服的同时需注意穿戴保暖衣物。

27.3.3 急救措施

(1)确认现场周围安全时,尽可能不移动或少移动伤者,等待119、120等专业人员到场处置。

(2)遇有创伤性出血的伤员,应迅速包扎止血,使伤者保持头低脚高的卧位,并注意保暖。

参 考 文 献

[1] 全国人民代表大会常务委员会.中华人民共和国安全生产法(2021年修订版)[Z],2021.

[2] 人力资源社会保障部职业能力建设司.国家职业技能标准汇编(2019年版)[M].北京:中国劳动社会保障出版社,2020.

[3] 中华人民共和国交通运输部.公路桥涵施工技术规范:JTG/T 3650—2020[S].北京:人民交通出版社,2020.

[4] 中华人民共和国交通运输部.公路隧道施工技术规范:JTG/T 3660—2020[S].北京:人民交通出版社,2020.

[5] 中华人民共和国交通运输部.公路路基施工技术规范:JTG/T 3610—2019[S].北京:人民交通出版社,2019.

[6] 中华人民共和国交通运输部.公路水运工程施工安全标准化技术要求:JT/T 1514—2024[S].北京:人民交通出版社,2025.

[7] 中华人民共和国交通运输部.公路工程施工现场安全防护技术要求:JT/T 1508—2024[S].北京:人民交通出版社,2024.

[8] 中华人民共和国交通运输部.公路工程脚手架与支架施工安全技术规程:JT/T 1516—2024[S].北京:人民交通出版社,2024.

[9] 中华人民共和国住房和城乡建设部.建筑施工承插型盘扣式钢管支架安全技术标准:JGJ/T 231—2021[S].北京:中国建筑工业出版社,2021.

[10] 中华人民共和国交通运输部.交通运输企业安全生产标准化建设基本规范 第17部分:公路水运工程施工项目:JT/T 1180.17—2018[S].北京:人民交通出版社,2018.

[11] 中华人民共和国交通运输部.公路水运工程施工安全标准化技术要求:JT/T 1514—2024[S].北京:人民交通出版社,2025.

[12] 中华人民共和国交通运输部.公路水运工程临时用电技术规程:JT/T 1499—2024[S].北京:人民交通出版社,2024.

[13] 中华人民共和国住房和城乡建设部.建筑地基基础工程施工质量验收标准:GB 50202—2018[S].北京:中国计划出版社,2018.

[14] 中华人民共和国住房和城乡建设部.混凝土结构工程施工质量验收规范:GB 50204—2015[S].北京:中国建筑工业出版社,2014.

[15] 中华人民共和国国家质量监督检验检疫总局,中国国家标准化管理委员会.超硬磨料制品 金刚石绳锯:GB/T 30470—2013[S].北京:中国标准

出版社,2014.

[16] 中华人民共和国工业和信息化部. 移动式水切割机:JB/T 14046—2020
[S].北京:机械工业出版社,2020.

[17] 江苏省交通工程建设局. 江苏省高速公路建设现场安全管理标准化技术
指南[M].北京:人民交通出版社,2012.